美感的起点

Satoshi Kawamoto

[日]川本谕——著 曹永洁——译

中信出版集团 | 北京

Preface

前言

这本书是此系列的第四册。这次我搬迁了新居，还在意大利设立了店铺，在这本书中我想尝试表达一下这些改变所带来的新的感受和灵感。在纽约设立店铺时就有回到初心的想法，这次来到了对我来说是未知国度的意大利，现在也是时候回忆一下自己最初的心境了。

在文化完全不同、自己对它也一无所知的国家，虽然会存在很多不安，但是我相信自己和自己的创作。即使语言不通，也能让大家感受和欣赏我的创作，对它感兴趣，能为此而发挥自己的才能就足够了。

在这本书里，我提出了一些更注重享受生活本身的方案和内容，请一定参考一下，如果有哪怕一小部分，能被您运用到自己的生活中，并为您带来享受的话，我将感到非常高兴。

川本谕

CONTENTS 目录

* 本书记载的商店信息为写作时的数据，如有变更，烦请见谅。

第一章

HOUSE STYLING

居家风格

川本谕的住所布置

在创作本书时，川本谕已经从创作前一部作品《日日是好日》时居住的两层独栋，搬到了带阁楼的公寓。但是，改变的并不只有住宅。一方面，在不断积累经验的过程中，他独特的感性认识在不断成熟，逐渐形成一种成年者的游刃有余的设计风格。而另一方面，通过他的新居，仍然可以感受到他根深蒂固的美学理念。

玄关

玄关决定了一个家的印象。在铁制的凳子上摆放小植物、钥匙等，既简洁又有品位。凳子的腿以及墙上黑色的相框可以营造整个空间雅致的氛围。植物方面，可以选择形状和质感不同的叶子进行组合，这样，小小的空间也会产生张弛感。对于玄关处没有鞋柜的房子，活用这样的凳子、台子等，可以留出一个别出心裁的展示空间。

用线绳固定的树脂相框中，可以放入照片、干花等进行展示。最下面的相框中，出于回归起点的考虑，放入了《与植物一起生活》里的图片。相框里可以放入自己中意的照片，并夹上一片树叶，或者配合墙纸的颜色做一个底色，然后夹入干花。另外，也可以把左边的相框取下来，挂上漂亮的织物，让它垂下来，增加一点华丽感。

客厅和餐厅

决定搬入这个房子的原因，是它有一间天花板较高、采光很好的开放式客厅。围绕客厅，从地板、楼梯到阁楼都搭配植物，无论从上面还是下面看，都是一个给人视觉冲击的空间。如果墙面全部是白色的话，那就过于明亮，可以把其中一面换成渐变的绿色，增加一点暗色。那个可以躺下来休息的沙发，对我来说是必需品，它之所以不会给人压迫感，就是因为选择了与墙壁和植物都很协调的颜色。

ad Luck...
have

楼梯是一个可以令植物看起来更立体的场所。把下垂式的植物放到高处，房间设计就出现一种动感。这次考虑到从上往下看时的平衡感，在下层放置了叶形较大的美观的植物。颜色独特的花台是混凝土猫（CONCRETE CAT）品牌的产品。另外从洛杉矶购入的推车，设计成图书馆用的推车的感觉，用来收纳外国书籍。下面的照片里，木纹的柱子是委托 meeting encounter 制作的。

配合楼梯的宽度定做的 ANTISTIC 铁制置物架，深色木料和铁的质感与前面的绿色相得益彰。里面陈列着最近颇受瞩目的现代艺术品、丹尼尔·阿沙姆（Danel Arsham）的石膏作品，以及吉田次郎制作的陶制玩偶、产自巴黎的独特烛台、来自巴黎陶瓷店 Astier de Villatte 的盘子等。这样个性较强的单品即使组合在一起，它们共同的白色调也会显得统一、整齐。

光照良好的窗边，是放置植物的最佳位置。把具有较强存在感的仙人掌放在花台上,从上面看下去时具有层次感。如果在地板上平行摆放植物，会显得过于平面化，可以使用花台等物件显出一定的高度，活用有限的空间。左边的蕨类植物，在上一本书中，也放置在客厅。那时个头还比较小，两年的时间已经长大了。植物的体积和轮廓会随时间变化而不断变化，结合这种变化来考虑设计也是很有趣的事。

军绿色的沙发上面，有纽约艺术家乔恩·康蒂诺（Jon Contino）手绘的文字和图片。用麻质的谷物袋制作的靠枕，搭配风格接近的米索尼家居（MISSONI HOME）手编靠枕，增添一点现代风格。这种平衡感，正是我现在的风格特点。而这些出自与我志趣相投的人之手的物品，也具有手工制品独特的味道，为空间增加了深度。

阁楼上的三角窗，是我中意这所房子的一个原因。由于天花板较高，个头较高的植物也能放得下。光照很好，也能观赏到植物蓬勃生长的样子。在阁楼上挂上挂钩，装上吊床，就形成了一个有一定高度的展示空间。单是放置一些净化空气的植物，这里就能成为室内设计的一个亮点，令人很愉快。在空间狭小的房间，可以从室内设计中心购入特制的两端拧起来的小吊床，吊在窗边，也能够改变整个房间的格调。

以前在纽约的咖啡店看到过这种令人印象深刻的设计，即把自行车悬挂在收款台的上方。这里参考这种设计，把自行车悬挂在阁楼上。车架的黑红色不会显得太过鲜艳，形成恰到好处的撞色。自行车下面悬挂的蕨类植物，与灯光的搭配和谐而美好。餐厅的墙壁首次挑战了赤土色，给人一种意大利和摩洛哥混搭的气息，非常中意。在设计墙壁颜色时，选择微微偏暗的颜色会更柔和。

卧室

卧室里，从朝西的窗口射入午后的日光，描绘出美丽的剪影。影子不时地变换着形态，营造出一个令人心灵安宁的空间。这个空间的特征是这个大窗口，采用木质的窗框，有种外国公寓的感觉。日本房间的窗子多数是铝合金的，这种木质窗框的设计给人以雅致的印象。由于并不担心来自外部的视线，所以没有挂窗帘，而是摆设了一些垂坠植物和空气植物。

不知不觉间增多的相框，如果在多处摆放就会比较凌乱，可以集中起来展示。从纽约的地图到植物图鉴、世界遗产的图片、印第安纳瓦霍族的饰品等，风格虽然各不相同，但这样集中装饰的话，就有一种整体感。推荐这种陈列相框的方式。在墙上挂一个日报标准与卡哈特（JOURNAL STANDARD × carhartt）联名合作的壁挂袋，随心情放入空气植物和盘子等，享受当天的即兴设计。

工作间

想要一个可以进行集中设计工作的场所，所以在卧室兼设了一个工作间。用绿手指（GREEN FINGERS）仓库里废弃的缝纫机台改装成铁质桌子和金属椅子，具有金属质感，与藏青色的墙壁搭配，营造厚重感。至于夹板式的装饰架，可以根据空间大小调整木板的长度和宽度，使用方便。装饰架上可以摆放跟杂物差不多大小的植物，制造一种与杂物一起随意放置的感觉，体现和谐感。

装饰架上，放满了以前去过的各个地方的充满回忆的矿石、陶器等物件，跟植物一起展示。画着印第安人的卡片是以美洲原住民为祖先的艺术家以示·格林斯基（Ishi Glinsky）绘制的感谢卡，这位艺术家也是给我带来灵感的诸多艺术家之一。在怪杰佐罗旁边的混凝土猫品牌的搁台上，随意插着剩余的外国纸币。这些细碎的杂物并不是随意放置，而是规整到一起，打造具有观赏价值的陈列。

厨房

吃点儿东西，做点儿工作，其实在厨房待的时间还是挺多的。料理台是个小空间，所以可以频繁地更换放置的植物。料理台上面放置的红色盒子里，放着桑塔·玛利亚·诺维拉（Santa Maria Novella）出品的亚美尼亚纸，令人心情舒缓的纸香，回家或睡前想要在家悠闲度过的时候，可以焚一点儿。平时放在冰箱顶上用于收纳的网篮，可以重叠放置，是厨房里不可缺的单品。

在上一本书中，客厅和餐厅的橱柜里，陈列着陆续从巴黎陶瓷店 Astier de Villatte 和约翰·德里安（John Derian）品牌收集和购入的盘子。随意装饰一些不用担心光照的人造花和干花，为容易流于平庸的厨房增加一点艺术设计感。喜欢的餐具随意地摆着，成为设计的一部分。在装饰餐具的时候，注意不要过于有生活感，不要给人以杂乱的印象，要选择与自己价值观相吻合的餐具。

衣橱

在工作间里的步入式衣橱里，像二手服饰店一般密密麻麻地放满衣服和配饰。对于我这样不舍得扔掉衣服的购衣狂来说，想要一个大两倍的衣橱，但这只是一个收纳量有限的小空间。以前在卧室的搁物架上叠放的衬衣类衣物用衣架挂了起来，T 恤和外套用木箱分类收纳。这种平时的隐藏空间的使用也很讲究。

容易变形的帽子，利用天花板来收纳。在衣架的下面设置了工作用的铁架，摆放着斯蒂尔（Steele）的帆布篮以及工作用的容器，收纳衣服。上层的篮子原本是用来盛放工具的，用来收纳内衣、袜子、头巾等小物品也很方便。请参考这个办法，自由发挥想象，把原本不是用来放置衣服的容器用作服装的收纳吧。特别是结实实用的工业器具，其中可以巧加利用的设计和着色都是很有吸引力的。

露台

面朝客厅和卧室的露台是光照最充分的地方。即使在房间里度过，看着外面那生机盎然的绿色，也觉得赏心悦目。照料植物，坐在椅子上喝杯咖啡，每天早上到露台上，已经成为习惯。虽然比之前独栋房子的院子要小，但经过精心设计，这一缺点反而成就了一个具有魅力的庭院。

要想打造一个有视觉冲击感的庭院，关键是要放入个头较高的植物。这个露台的前面是邻居家的房子和电线杆，要遮挡它们必须有大型的植物。另外，空调的外机用一个黑色木质的外壳罩起来，上面放置垂坠植物，营造动态感。这样，本来很碍事的空调外机，经过巧妙利用，也可以为庭院设计增色。除此之外，把大木箱重叠起来，小花盆放在里面，呈现一种立体的陈列感。刚开始设计庭院的人，不用直接放置这么大体积的植物，可以先挑战能够修剪的植物。

不要把庭院看作孤立的个体，要意识到各种方向的视角。这个露台从卧室的窗口也能望见，因此要考虑躺在床上时的视线，设置一些较高的植物。望着露台植物的叶子迎风舞动，樱花树随四季变换色彩，对我来说，这些都是令我内心安宁的时刻。露台的地板上铺着跟上一本书中玄关处一样的古董瓷砖，褪色般的色调和脚下多肉植物的绿色形成明暗对比，非常漂亮。

早晨的阳光直射而入，雪白的墙壁给人以强烈的印象，这里是阁楼上的露台。这个露台我很少上去，浇水的频率也就低很多，因此这里的植物以多肉植物和仙人掌为主。对于那些对浇水没有把握的人，推荐养一些这样的植物。使用可以靠墙放置的色彩鲜艳的花盆，或者颇具玩心地陈列一些废旧床垫弹簧，给人一种明朗快乐的感觉。在蓝天的背景下，高大的植物舒展着枝叶，令人心情愉悦的空间向外延伸。

置鞋间

对于喜爱鞋子的我来说，置鞋间是必不可少的地方，这次把它设在了阁楼上。光线从露台的窗子和三角窗两个方向射进来，居然非常明亮，可以放置任何植物，我选择了喜欢的多肉植物和蕨类植物。享受早上从露台照进来的朝阳和傍晚来自三角窗的夕阳，环境很好。或许因为以前一直住在独栋的房子里，这种感受着天气、季节，度过每一天的生活，给人一种新鲜的感觉。

因为空间不大，所以没有把木箱叠放得很高，而是呈阶梯状摆放，消除压迫感。在木箱上放置一些悬挂植物、多肉植物等，摆出漂亮的造型。从洛杉矶买回来的垫子，以前一直铺在玄关、卧室等处，现在全部集中铺在这一块地方。虽然花纹、大小不一，但相同的色调还是营造出了统一感。坐在折叠沙发上看黄昏的风景是最幸福的，或许还可以在这里喝点酒。

浴室

浴室是一个可以放松的地方，从左右向上伸展和从上方垂挂下来的羊齿类植物，相互掩映打造出宽敞的空间。一般来说，浴室即使有窗子，也很少有阳光照进来，因此最好放置不需要太多光线、喜欢湿润环境的羊齿类植物。不过，根据不同的浴室环境，适合的植物也有所变化，因此选择时还是要考虑光照和通风情况。

洗手台上的角落空间，可以放置小尺寸的人造花、绘画作品、书等物品。这样的角落空间还是有很多的，看上去无法进行装饰，如果能善加利用，也会为平淡无奇的房间增添色彩。洗衣机上面，可利用挂在墙上的网篮来收纳毛巾、洗涤剂等。即使是在没有收纳空间的地方，也可以用不破坏装饰氛围的陈列方法来摆放日用品。这虽然简单，却并不容易想到。

洗手间

洗手间里摆放着人造植物和空气植物。使用人造植物时，要在观察其本体植物并在了解它特质的前提下进行陈列。例如常春藤，最好不要把藤蔓缠绕在一起，而是让它沿墙壁攀爬，这样更有真实感。窗子边的空间，可以摆放小玻璃饰物，光线透过来会很漂亮。在复古风格的玻璃小瓶中，可以插上折下来的多肉植物或修剪好的观赏植物等。

长期以来，川本谕一直住在有院子的独栋房子里，这次选择的新家是别有情趣的带阁楼的公寓。那么，他的心境到底发生了怎样的变化呢？他谈了他选择新居时所重视的因素，以及随着时间的流逝他对装饰风格的偏好和设计理念的变化。

摄影：川本谕

新居的决定因素是客厅

在《与植物一起生活》和《日日是好日》两本书里，我所居住的都是带有院子的房子，这次也是以带有院子为基本条件来寻找新居的。因此，如果搬入两层以上的房子的话，那么带有一个大露台的旧公寓是最好的。这个房子在一套较新公寓的二楼，露台比理想中的要稍小一点，但是在参观内部的时候，脑海中立刻就浮现了“阁楼的三角窗可以放很多植物，从客厅仰望上去，心情一定不错”的念头。因此，作为必须条件的院子也就让位于光照良好、天花板较高、可以放置很多植物的客厅。这成为促使我搬入这栋房子的决定因素。我以前的房子，室内可以放置植物的空间极其有限，因此，这次的客厅究竟可以带来多少乐趣，这对自己也是一个新的尝试。因为房间布局比以前的房子要小些，餐桌不得不更换成小尺寸的，其他家具也必须重新购置，但有些也可以继续使用。最终，这里变成了一个大小适中、方便舒适的好居所。楼下是停车场，旁边是走廊，上面也没有房间，不用担心周围的生活杂音，因此，感觉可以继续居住一段时间。

随经验的积累而改变的事情

回首写第一册《与植物一起生活》的时候，我是被日式的平房吸引。我原本从事过古董方面的工作，非常喜欢古董，日式古屋的氛围正好符合我的审美。到了《日日是好日》中的房子，则给人一种清爽的感觉。而这次的风格又一次发生了改变，我想是变成了更加都市化的、成熟的风格。当然，这并不是说写第一本书时我住的房子不好，只是我自己会有“最近喜欢这样的！这种感觉也不错呀！”之类的想法。或许这不仅是室内装饰，也是一种时尚。在各个不同的国家工作，融合不同风格的平衡感是非常重要的。日本人比较古板，会觉得“那个人就是这样做的，不这样就不行”，凡事都容易过度，而纽约的人们这种“自己觉得好就去做”的个性，令我觉得非常棒。你所执着的东西，也会从你的设计中传递出来。随着海外工作的增加，见到越来越多的设计，积累了不少经验，因此，对于装饰的品位和爱好也逐渐有了改变。以照片墙

墙壁原本都是白色，现在每个房间其中的一面墙改成了其他颜色，客厅是灰绿色，餐厅是赤土色，卧室兼工作室是深蓝色。去掉三角窗那里的梯子，更有效地活用空间。露台外的电线很显眼，特意摆放了可以弱化它的存在感的植物。到了春天，路边的樱花树盛开，从露台望出去的风景也会随之不同。

（Instagram）为首，网络上有很多样本，但我还是持这样的看法：这个人之所以看上去很有型，是因为他对此很执着啊！

具有平衡意识的的搭配

人各有所好，不存在绝对正确的东西。但对于我来说，把现代与古典的东西融合就是我的喜好。如果你看过这次的室内设计就会明白，每个房间现代和古典的比例是不同的，一张一弛才会更为有趣。每个房间都变换不同的风格也是一种方法。例如，这次的工作空间设计成更有男性气息的工作室，使用腿部是铁质的缝纫台改造而成的桌子，并搭配金属链条，使用银色和黑色等颜色搭配。本来想采用工业照明灯照明，但由于天花板较高，自然采光也不成问题，就放弃了。这个房间是工作室兼卧室，所以最终还是灵活利用了自然光。想要通过设计改变所有的东西，是很困难的，同时也不现实。在现有东西的基础上做出一点新意来就足够了。尽管如此，也会出现 1 加 1 等于 10 或 100 的结果，这样，你的心情也会变好，招待客人的时候，会听见他说：“好像有哪里跟以前不一样了呢。”如果你能因此而感觉到搭配的乐趣就太好了。

推荐重新装饰房间的办法

以后我考虑更换一下洗手间以及浴室的壁纸。在憧憬法国公寓的时候，我曾经把洗手间壁纸换成了橘粉色。因为洗手间和浴室是与其他房间隔开的狭小空间，我觉得可以下定决心挑战一下更有冲击力的颜色。相反，对于客厅、卧室等面积较大的空间，如果把所有墙壁的颜色都改变的话，会给人狭小、阴暗的感觉，建议试试只改变一面墙的颜色。即使只是这样也十分有效果，心情会大不一样。

第二章

STYLING PATTERNS & TABLE SETTINGS

装饰案例与餐桌布置

本章给出了每个房间的设计案例，并设定了不同情况的餐桌布置，对餐桌布置给出了方案。同一个空间，即使只是稍加配置，给人的印象也会大有改变。这不仅限于植物的摆放，还涉及家具以及小物件的选择和装饰，同时也希望您能理解根本的思维方式，做出自己的解释，并运用到生活中。

装饰案例 1

客厅

玻璃球状吊灯的设计复制了20世纪50年代意大利风格的厚重感（左图）。脚下铺的是古老的刺子垫（多层材料纳成的厚垫，用于练习柔道、剑道），与现代的地毯搭配。汤姆·迪克森（Tom Dixon）的有机材料灯具（右图），与植物相映成趣，美妙的灯光充分渲染出整个空间的氛围，地面铺着给人视觉冲击的地毯。照明和地毯是决定房间印象的主要物件。如果改变房间墙壁颜色很难，那就从改变地毯开始尝试吧。

装饰案例 2

露台

比起第 26 页的露台，这里减少了多肉植物，较为清爽、整齐，也是一个各种植物相互交织蔓生、形态丰富、富有魅力、充满朴素的原始生命力的露台。左边新加入了如前卫艺术作品一样形状独特的植物，选择了简约风格的装饰。右边则与之相对，配置了很多花草，营造华丽感。对于花的品种，选择了叶片颜色较深的以及细长叶的草本类相互搭配，营造一种不至于过于甜美的气氛。

装饰案例 3

浴室

改变了植物所占的空间，只留两种植物的装饰模式。如果想要增加植物，参照第 32 页。对于很难在地板上放置植物的浴室，可以像右图一样将植物悬挂起来，更有效地利用空间。在有光线射入的窗边，可以放置叶片形状和颜色漂亮的植物。浴室是用途明确的房间，在使用的时候是否令人心情愉快，就显得尤为重要。调整植物的数量，找到最适合自己的方式。

装饰案例 4

洗手间

洗手间使用容易摆放的空气植物和干花进行装饰。不仅可以将其插在瓶子里，还可以悬挂、垂吊起来，通过各种方法使狭小的空间多姿多彩。右边，在 SLOANE ANGELL STUDIO 品牌的花瓶里插入低调的棕色干花。如果花瓶颜色过于鲜艳，可以选择颜色较为沉稳的花朵，这样整体不会过于艳丽，比较雅致。

餐桌布置

在这里介绍四种不同场合的餐桌布置。第一种是以咖啡和水果沙拉为早餐的餐桌设计。散放着的新鲜花朵和观叶植物的叶子，开启清爽的一天。粉色的花如果单独放置，会给人过于可爱的印象，因此添上一片绿叶。餐具也选择深棕色、深蓝色等有重量感的陶制器皿，整体就会比较内敛。

HEAVY

跟朋友一起无拘无束聚餐的餐桌。跟美国的快餐店一样的盘子，可以成为谈话话题的有趣的手绘盘子等，在这些随性的餐具中盛放料理。放上剪下来的羊齿植物叶片，盘子也随意放置，这是充满野趣的装饰法。盛放在盘子里的红色西红柿和熏鲑鱼，与绿色的羊齿植物形成鲜明对比。在招待客人时，在桌子上即使仅仅放置一片羊齿植物叶片，也会透出精心招待的心意。

以豆类和培根制作成的沙拉为主菜，令客人惊讶的餐桌布置。在盘子里以及餐桌上，与黑豆搭配，放上淡紫色的花，散开的花瓣营造节奏感。外形独特的鸡冠花以及大朵的向日葵盘，放在中央的盘子周围，充分显示出我独特的怪诞风格。分装沙拉的盘子，是吉田次郎的作品，据说越用越有味道，令人充满期待。

以大盘装的烧烤夏季蔬菜为主菜，色彩鲜艳，赏心悦目的餐桌布置。色彩艳丽的洋式盘子搭配和式器具，华丽的干花搭配带刺的绿色果实，处处透露出和谐的美。赏心悦目的餐桌布置可以使料理变得更美味，使人更愉快地度过用餐时刻。特别是招待客人的时候，不仅是在料理上，在餐具和装点餐桌的植物上，也试着花一些心思吧。

本书中经常出场的、与川本谕共同合作的装饰商店日报标准家居（Journal Standard Furniture）单品诞生了。在装潢上造诣颇深的川本谕制作的单品中，充满了他独特的创造性和童心，也包含着令使用者感到舒适的执着和用心。

消除一日疲劳的单品

第一次与日报标准家居合作创作的产品，是围绕卧室用的纺织品以及把植物封入有机树脂内的台灯。关于纺织品，这次的花纹使用了我手绘的植物图案。以前我所绘制的类似于字体设计的涂鸦，现在很多人都在画，已经满街皆是。因此，制作纺织品图案的话，我还是想画一些不一样的东西。所以我就在想，什么东西一看就是属于我的风格的东西呢？于是我就想到了以“图鉴”为主题对植物进行素描的办法。这次，我绘制了 50 种植物的叶子，它们都是我家里种植的植物。因此，对照着书里的照片，找一下每种叶子属于房间里的哪一个植物，也不失为一种乐趣。

床上用品的图案下的字，是全世界的通用语“晚安”这句话。当然，也有日语的“Oyasumi”字样。因为是在卧室放松的时候使用的物品，为了不让颜色过于强烈，选择了浅灰色图案，给人以柔和的印象。

协作的趣味

对于台灯，我使用了干燥的植物作为素材。样品还没有做好，我想会是一件很有意思的作品。以前用电线制作过灯台，装饰上干花，做成一种叫作“植物枝形吊灯”的灯具。但这次是联合制作，要把自己的想法传递给别人，也需要听取不同的人的意见，制作起来非常有趣。制作时需要亲自前往工坊，“想在有机树脂里面做出空中图鉴的样式，请以这样的思路来放入植物”之类的，在一些细节上指导着工人来制作。这些作品没有完全相同的两个，各有不同的形态，请一定到店里来参观一下实物。这次制作了一些卧室用的物品，下次还想尝试制作一些在客厅、餐厅使用的物品，不同场合的各种常用物品，我都想做出来。另外，我对有个性的餐具也很有兴趣。在餐具上印花或者跟陶艺家合作等，以各种形式展开合作，每一季都推出一些作品，我想一定很有意思。

通过室内装饰系列我想传递的想法

在海外，最令人感到惊异的是，很多人都会去装修中心的油漆部门选择油漆涂料。在海外，人们对室内装饰的享受程度跟日本有很大差别，我经常感觉他们更注重居住的舒适度。粉刷墙壁如果难度较高的话，可以尝试把小的箱子、矮台等涂一下。如果再搭配上植物，那么可以发挥的空间还是很大的。这样可以把自己的风格融入装饰中，以此为契机保持兴趣，把装饰进行下去。为此，我也想把室内装饰系列继续下去。

这次制作的是被套、枕套、地毯、挂毯、沙发套等纺织品。图案用的是植物图鉴的图版，在印刷时，从几种不同的手法中，选择了用铅笔画的素描。

YOU'VE
GREEN FI

第三章

FRIEND'S PLACE STYLING

朋友家的空间装饰

川本谕对熟人家的房子、平时有来往的人的工作室、商店等进行了装饰。巧妙捕捉各个不同空间所具有的不同特点，川本赋予它们新的生命力，从而创造出六个不同种类的装饰风格。在这里，灵活使用每个空间中原本就有的一些物品来对其加以整合，使之散发出新的魅力，这种技巧希望读者加以注意。

CAMIBANE

爱知县半田市青山 4-10-4

（美发沙龙）9:00-20:00，（面包屋 / 咖啡店）9:00 至售罄

（美发沙龙）星期二定休，（面包屋 / 咖啡店）星期二、三定休

被绿色环绕、隐居式的小店——CAMIBANE。出于“想让大家聚在一起，悠闲放松”的初衷，小店的店名由法语中伙伴、朋友（ami）、小屋（cabane）等单词组合而成。店主夫妇经营美容室和使用石窑天然酵母的面包屋。我是他们的老朋友，接受他们打造“森林中的小店”的委托之后，我开始着手庭院的植物栽植，已经过去 9 年了。原本一人高的绿植，如今已经枝繁叶茂，完全遮掩住了小店。这里已经成为一个令我也很惊讶的充满野生魅力的庭院。

这次的装饰，又新添加了一盆大蝙蝠兰，为店门前增添了色彩，并以一种具有冲击力的姿态热情地迎接来访的客人们。环境优美、植物茁壮成长的CAMIBANE的庭院，充满了生命力，几乎给人一种这里原本就是森林的错觉。架子上放置的多肉植物也是最初施工时摆上去的。9年的时光，赋予了他人之手所无法创造的野性之美。经年已变色的喷水壶、牛奶罐，也为装饰增添了情趣。

上图是原本在 CAMIBANE 店里的一架天秤与干花植物的组合。从店内望出去，看到具有张力的大型叶子，叶子的表情也是愉快的。古旧工具的质感与褪色的干花色调非常和谐，纳入装饰中，可以营造一片如画的空间。下图是调整后庭院中闲寂的空间，在密集的石块中间，植入了多肉植物。蓬起的多肉植物，对石头的冷硬质感起到了缓和的作用。假以时日，不知道会发生怎么样的变化，实在令人期待。

从附近购入的花搭配从院中剪下来的尤加利树枝叶，与空间的魅力相融合，洋溢着静谧的感觉。剪下来随意放置在旁边的叶子，也具有完美的姿态，令人感觉是这个空间不可缺少的东西。美容室引人注目的鲜艳的绿松石蓝色墙壁，是我选定的颜色。店里原本就有的干花垂挂着，给人一种在时光中衰朽颓废的气氛。嵌入墙壁的原本用于澡堂橱柜的门扉也加深了这种感觉。

店内兼设了购入面包后进餐、休憩的咖啡空间。有情调的桌子上，摆放了剪下来的尤加利树叶、空气植物等，这种不事雕琢的随性风格与 CAMIBANE 的气氛很相配。墙上和黑板上的美术字是我每次来的时候，一点一点绘制上去的。CAMIBANE 的店主夫妇跟我是互相欣赏和尊重的伙伴关系，这个地方也令我懂得了与这样的朋友共度时光的重要性。今后，我还会接很多类似的项目。

拉里 · 史密斯的办公室
(LARRY SMITH'S OFFICE)

将印第安宝石运用到现代设计中的品牌——拉里·史密斯，我在它的工作室兼陈列室的大厦屋顶上做了这样一个装饰。这个屋顶的特点是能够近距离望见东京塔，于是以它为背景进行了野外拍摄。作为东京之象征的东京塔与印第安式的民族风格的混搭，我着力营造这样的融合感。使用了造型独特的仙人掌和叶片併张式生长的植物。NORDISK 的尖形帐篷里面，装饰着多肉植物和空气植物，一个视觉冲击力不逊于东京塔的设计就完成了。

放入仙人掌的袋子是在洛杉矶购入的单品。这是以前邮局使用的那种袋子，用久了之后有种松松垮垮的质感，营造出一种随性的氛围。在花盆外面覆盖包袋套住植物，这种技巧可以很轻易地表现出一种混搭的感觉。另外，屋顶的混凝土地板如果裸露出来就有失情调，因此铺上了图案积极明快的地毯。没有大块的地毯，可以用很多块小地毯集中平铺，这样可以用于任何空间，即使相互重叠也能产生有趣的效果。

做旧加工过的白色镜框，只是竖立在那里就有装饰的效果。植物好似从镜框里面探出来，产生一种气势，具有艺术品一般的存在感。仙人掌后面放置的是工厂里使用过的纸筒，上面的色斑以及剥落的纸片都别具风味。漂流木做成的箱子上放置了葡萄酒酿制过程中使用的绳子，把这种带有土著感的物件陈列在前方，能够强调风格。加入一些这样的单品，使空间不会全被植物覆盖，增加了空间的深度。

在情调必不可少的户外，料理和餐具也要十分讲究。为了配合这次的气氛，准备了长条面包外加香肠、鳄梨的夹心式料理。珐琅盘子和筒形杯子，简洁的风格非常适合户外，材质也很结实，可以叠放搬运。特别是在天色暗下来以后，打开灯，氛围又大不相同。以都市的夜景为背景，享受着户外独有的梦幻般的光景，在柔和的灯光下，植物的轮廓也很漂亮。

T 家
（T'S HOUSE）

T 的家建于距离由比浜的沙滩步行 10 分钟左右的地方。这里洋溢着西海岸风情，能感觉到爱好冲浪的主人的执着。充分利用从两侧窗子进入的阳光，打造出一个以植物为主角的房间。向上伸展的植物与向下垂吊的植物交相辉映，无论从哪个角度望去，都令人赏心悦目。高大的仙人掌非常醒目，但与第 66 页令人联想到美洲沙漠的装饰风格有所不同，这里的风格能够令人感觉到一点湿度。

这次的造型活用了房间里很多原有的植物和杂物。例如，把原本放在架上的滑板放在地上作为搁台，上面摆放植物。把干枯的花剪下来插到花瓶里，装饰矮柜。跟冲浪有关的书，封面颜色比较漂亮，跟空气植物和浅黄色的太阳镜一起陈列。新的造型不一定全部用新的物品，改变原有物品的陈列方式，使人的目光聚焦到原本没有注意到的部分，原本看惯了的风景也会给人新鲜的印象。

视野良好的屋顶上，放着主人自己制作的椅子和不同颜色组合的冲浪板。左右两边都放置着开着小花的植物，增加了一种低调的华丽感。感受着海风，在摇曳的叶荫下，治愈自己的心情。想请大家注意的是，略显单调的墙壁用棉质的粗绳进行了装点。能把设计理念与建筑物紧密结合起来的粗绳，容易跟空间产生一体感。第 66 页也是同样的案例。因为会给人很特别的感觉，因此推荐在聚会这样的场合使用。

R 家
(R'S HOUSE)

R 的家紧邻驹泽公园，是一套周边风景极有魅力的公寓。如何巧妙借用这些绿意盎然的背景，是这次造型的主题。配合背景树木深绿的色调，在里面搭配了鲜绿，前面则放置了深绿色的植物，形成浓淡相宜的植物组合，增加景深层次感。另外，植物的摆放也从高到矮，给人以公园的绿色一直延伸到露台来的感觉，打造出一个非常动感、有活力的庭院。

在为个人私宅设计造型的时候，我很注重把居住者的爱好跟我自己的风格结合起来。这次的设计也反映主人的喜好，令人感觉高雅的同时，随处可见风格奇异的要素。在铁锈质感的架子上陈列了空气植物、多肉植物等，常春藤的藤蔓从上面蜿蜒下来。没有刻意造作的痕迹，反而营造出一丝荒芜的气氛。另外，本书中已经不止一次提到，在这里也同样给粉色的花朵搭配绿得偏黑的花叶以及银色的叶子，有种妖异的感觉。

利用房间里原有的盘子和刀叉，进行带有花园聚会风格的餐桌设计。盘子里放置的院中枯萎的鲜花、蜿蜒在桌上的仙人掌，整体风格统一，营造出一种幽暗的美。这所住宅的主人 R，是一位对设计有着超群品位的令人尊敬的女士，她会定期请我来打理这个庭院，时常会给出一些能够激发灵感的建议，是一位好姐姐一般的存在。

这个没有任何遮阳物的露台，对植物来说是最好的环境。种在花盆里的景天属植物的种子落到地上蔓生开来，成为意想不到的风景。这次的造型中，在花盆的旁边放置了大量的多肉植物以及个头较小的开花植物，营造出体积的对比感。把各种各样形态不同的寄生植物，集中在花盆里，易于展示设计感、打造高低参差不齐的立体的错落感。摆放在花盆四周的植物，其中有一些是原来就有的植物，另外也选择了一些彼此高低平衡且习性相近的植物。

H家
(H'S HOUSE)

H的家位于青山路的附近，是一栋新的建筑，在我的提议下，在崭新的地面上铺设了木板，逐渐做成了现在的庭院。放置在露台上的植物，结合了主人H女士的清冷气质，以叶片植物为主。其中以细叶植物居多，搭配寒色系的开花植物，花盆的颜色也统一采用单一的素色，给人以风雅的印象。原本并不高大的植物，最终却枝繁叶茂与房屋齐高，呈现出一派令人忘却都市喧嚣的野生景象。

地板上的木板原本是涂成绿色的，随着时间流逝，逐渐褪色成了原本的原木色，变成了一种独特的风格。这是令人始料未及的，是一种时间的产物。与木地板搭配的是我在印度尼西亚制作的瓷砖。不是将其全部铺设成同样的嵌板，而是将瓷砖和沙砾等具有特殊质感的材料，平衡地混合在一起，呈现一种有趣的变化。鲜艳的蓝色摩洛哥古董瓷砖，立在花盆旁边，那种沧桑的形态与空间巧妙地融合在一起。

FORTELA

离米兰的中心街不远的地方，是亚历山德罗·思科齐（Alessandro Squarzi）先生创造的品牌——FORTELA。我为这间能展示思科齐先生理念的店铺设计了造型，体现了以经典为本的服装制作理念和古典的风格。橱窗前的空间，摆放了深色系的植物以及橘色的花朵和食虫植物，晦暗中带着华丽，增添了妖异之美。

在平时摆放商品的架子上，放入了小盆的仙人掌、剪切的枝条等。在下方的抽屉中，绿色枝叶和果实仿佛从内蔓延生长出来一般。剪下来的枝叶逐渐褪色，与带根的植物形成鲜明的对比。随着时间的流逝，植物不断生长、开花，姿态也发生变化，每次前来都会看到其呈现不同的面貌。看向脚下时，地板砖上的美丽叶片蜿蜒蔓生缠绕，给到店者以美的享受。

与亚历山德罗·思科齐先生的谈话（思科齐，FORTELA 的创始人，设计师）

热爱时尚的人们时刻关注的 FORTELA 的创始人兼设计师——亚历山德罗·思科齐先生。在为上页介绍的店铺进行设计之前，川本谕曾与亚历山德罗·思科齐先生进行过谈话。那么，令川本谕也尊敬不已的这位设计师的时尚和设计的根源是什么呢？

创造性的根源，在于对美的追求

川本谕（以下简称川）：我每天都接触植物，思科齐先生您养过植物吗？

思科齐（以下简称 S）：我在家里养了一小盆蔷薇，是我女儿阿莱古拉送给我的礼物。每当看到它开花，我就会觉得非常幸福。自己养的只有这一盆，但会定期买鲜花来装饰房子。

川：女儿送的蔷薇，很棒的一件事啊！说起来，之前听您说起过您在海边的一座房子，如果有机会的话，希望能为您那座房子种植植物。

S：一定。只不过，因为那座房子面朝大海，海风是个问题。有些植物被海风吹坏了，还一直想问您该怎么办。

川：当然，请尽管问。意大利对于我来说，还是个未知的地方，那些没有去过的地方，会为我带来新的灵感。思科齐先生是从哪些东西上面得到设计灵感的？

S：说起灵感的源泉，我对形式和时尚本身没有什么兴趣，反而是更喜欢探寻这些东西具有什么样的根源。例如，在欣赏、触摸一些经典服饰以及织物时，会被它们触动。从这种意义上来说，FORTELA 这个牌子的优点就在于，它不会随季节变化而变化，具有普遍性。

川：也就是说灵感来自时尚的根源，而不是时

尚本身是吧。这还真是有意思呢。那么，您认为时尚跟植物的结合，会为我们带来什么呢？

S：时尚也好，使用了植物的艺术以及其他的艺术也好，如果往下挖掘的话，它们的根源都是相同的：同样是受到美的事物的触发，同样是追求美好事物的产物。从这种意义上看，它们之间都有着很深的关联。

思科齐先生对 FORTELA 今后的展望

川：《与植物一起生活》这本书，涉及我的生活方式。思科齐先生您的生活方式是怎样的？

S：事实上，我现在的生活方式并无可炫耀之处。看照片墙的人或许会觉得羡慕我，但工作还是占据了第一位，跟女儿相处还有很多做其他事情的时间都被牺牲掉了……

川：看照片分享的时候，感觉您真的很享受生活，我觉得很羡慕。

S：是啊。到人前的时候，还是不会露出消极的一面啊。

川：现在，真的是非常忙碌吧？那么，如果有时间的话，有没有什么想做的事或者想开展的工作？

S：或许有些半开玩笑了，真想隐退休息一下啊。

川：这可真是。

S：FORTELA 还只是刚刚起步，与其说想把它做大，还不如说想令它成长起来。另外，我正构想在 FORTELA 中设立牛仔品牌。

川：这很不错啊。我现在在东京和纽约开着 7 家商店。接下来想在米兰开，明年计划在欧洲的某个国家开店。FORTELA 有在海外开拓事业的打算吗？

S：采取店中店的形式也可以，想在海外也开专卖店。中国、英国等国有人跟我打过招呼了，当然也打算在日本试试。不过，为了实现这些，必须有能够正确反映 FORTELA 的品牌理念的合伙人。

川本谕的感性和 FORTELA 的品牌理念，两者融合的产物

川：您读了《与植物一起生活》有什么感想？

S：仅仅通过植物，竟然能展现如此广阔丰富的世界，并且能够具有如此影响力，真的很了不起。从这种意义上来说，我真的很嫉妒你。不管是哪个领域的人来读，只要打开书就能得到一些积极的灵感和能量。

川：谢谢！如果您要出书的话，想做成什么样子的？

S：如果能做成《与植物一起生活》这样的就好了。

川：是想做成能展现 FORTELA 品牌理念的观赏类的书吗？

S：是啊，但是遗憾的是我并没有那方面的技能。

川：我也是因为有制作团队，比如编辑、设计师、摄影师等，才能做到的。

S：那么，就请转达给那些人，我也想出书，怎么样？

川：如果您要做的话，展示和设计请交给我吧！

S：那就拜托了！

川：这次将在 FORTELA 做艺术展示，对此您是什么心情？

S：有幸在 FORTELA 的店中进行艺术展示，我感到非常高兴。读了《与植物一起生活》后，更是有自己在跟很了不起的人共事的感觉。店铺本身并不大，很遗憾无法提供更多的空间，但我相信您一定会做得很棒！

川：谢谢！那么，最后请您再说几句。

S：谕先生，您是具有创造力的专业人士，说得极端一点，即使是对植物没有兴趣的人，如果到 FORTELA 来看了您的艺术展示，我想也一定会在心里留下些什么。请将您的作品和 FORTELA 的品牌理念融合在一起吧。

亚历山德罗·思科齐

1965 年出生。以米兰为中心开展工作的意大利创业者，开创了 FORTELA、AS65、Stars 三个品牌。偏爱复古物品，是意大利有名的古董收藏者。出现在街头时尚写真集 *The Sartorialist* 中的作者、著名摄影家斯科特·舒曼（Scott Schuman）的博客中时，他的风格被人瞩目，从而一跃成名。在照片墙中拥有超过 13 万的粉丝，是一位时尚偶像。

FORTELA

意大利米兰梅尔佐大街 17 号，

邮编 20129（Via Melzo,17,20129 Milan,Italy）

营业时间：周一 15：00~20：00，

周二至周六 11：00~20：00

第四章

PROJECTS OF GREEN FINGERS

绿手指的事业

在讲到川本谕的事业时，不可避免地要提到他在日本国内亲手打造、服务过的用户群。一方面，随着最近商业设施和店铺的不断增多，从零进行空间设计的机会也增多了。另一方面，为了最大限度地拓展自己的可能性，他投入较大精力的，还是能够自由表现自己的展示会类的舞台。在这里将通过川本谕所经历过的设计、展示，以及超出绿植领域的作品，介绍其洋溢着独创性的设计。

无印良品第五大道（MUJI Fifth Avenue）

2015年，在曼哈顿第五大道上开业的无印良品的美国旗舰店——无印良品第五大道，号称全美国面积最大的卖场，经营包括服装、食品、室内装饰等衣食住行相关的多种商品，由绿手指来负责植物装饰设计。众多无印良品的设计产品，搭配上多种多样的植物，创造出新鲜的有机空间。

纽约第五大道475号，邮编10017（475 Fifth Avenue,New York,NY 10017） 营业时间：周一至周六10：00~21：00，周日11：00~20：00

弗里曼斯运动俱乐部银座 6 店（FREEMANS SPORTING CLUB-GINZA SIX）

这是在银座商业区最大的商业设施银座 6 里开的弗里曼斯运动俱乐部在日本的第三家店。继东京店、二子玉川店之后，这次也是由川本氏来进行绿植设计。作为店内标志的动物头骨造型，用各种绿色植物围绕起来，充满野生、雅致的感觉。在以白色为基调的店内，没有过分地主张绿色，而是作为点缀，保持了绝妙的平衡感。

东京中央区银座 6-10-1，银座 6，五层　营业时间（商店 / 理发店）：10：30-20：30

伊势丹日式商店吉隆坡店（ISETAN THE JAPAN STORE KUALA LUMPUR）

2016年，作为伊势丹把日式的生活方式和主张推广至海外的店铺，这家全部经营日本品牌的商店在吉隆坡开业。日式风格的地板特别引人注目，川本谕设计了一个用竹子制作的展示馆。向着天花板茁壮生长的植物、体积较大的空气植物，极富动感的设计，简直就像艺术品一样。

马来西亚吉隆坡苏丹依斯迈 LOT 10 商场，邮编 50250（LOT 10 SHOPPING CENTER 50 JALAN SULTAN ISMAIL 50250 KUALA LUMPUR,MALAYSIA）
营业时间：11：00~21：00（地下一层至三层）

高崎 OPA

在高崎站前诞生的大型商业设施——高崎 OPA。它的玄关跟餐厅共有的部分，由川本谕用植物进行了装饰。深蓝色的墙壁悬挂着花朵和绿叶，前面摆放着高大的植物，形成有趣而鲜明的对比。另外，用形状具有个性的叶片装点的玄关，不仅光顾商店的顾客，即使是从站前经过的行人，见此也会变得心情愉快。

日本群马县高崎市八岛町 46-1　营业时间：10：00~21：00（部分商店营业时间不同）

NEWoMan

位于新宿站的商业设施——NEWoMan，馆内的植栽设计也是川本谕经手的。馆内是面向成熟女性的商铺，在玄关、走廊、休息空间等各处都是令人惊喜的植物设计。呈现不同形态的植物，如野生的蕨类植物、垂吊植物等，组合在一起，令人感觉有一种集合了纤细和强韧的女性优雅之美。

东京新宿区新宿 4-1-6（JR 新宿站直达）
营业时间：（时尚区）11：00~21：30；（车站内商店）周一至周五 8：00~22：00，周六至周日 8：00~21：30；（美食区）7：00~次日 4：00（部分商店营业时间不同）

宇宙之初（COSMOS INITIA）

位于练马北町以“你的风格”（WITH YOUR STYLE）为住宅理念的公寓，川本谕模仿在纽约见过的极具特色的房间风格设计了一整间样板房。在新房的绿色氛围中，加入有旧质感的单品以及手绘的粉笔艺术画，提倡一种纽约式的轻松、真实的生活方式。

※ 因为有时间限制，现在已经终止

个展“拈花”与今后的计划

2016 年 4 月，纯粹（SIMPLICITY）的代表绪方慎一郎举行了一场个展—— “拈花”(NENGE)，作为沙龙企划展出。他经营着和食料理店和八云茶寮，涉及食物、空间、器具等领域。绪方先生提出了关于“八云茶寮这样的场所，该怎样装点花草”的问题，川本谕用蕴含着他独特的审美的思维作出了回答，并挑战了新的表现手法。这里采访了他关于当时的情况以及今后会进行怎样的展示等问题。

新的挑战

关于个展“拈花”，原本我与绪方氏是通过工作认识的，加上八云茶寮这个空间本身也是非常出色的场所，于是我们就想如果能一起做点什么就好了。另外，我自己也经常有做些有趣的事情的想法，因此听到关于个展的提议时，就感觉这个想法很有意思，于是进行了尝试。另外，那时我也使用了平时不太涉及的插花，这一点对于我来说，是一个新的挑战。

受到启发的作品创作

关于创作作品的方法，是先由绪方氏选择器皿，然后由我结合器皿进行插花。但并不是只在已经决定好的容器内插花，而是双方边进行沟通边创作。关于器皿，我也会问对方的意见，告诉对方“我想呈现这样的风格，想传递这样的想法”之类的，听取对方的意见再进行插花。关于日本文化，绪方氏有一些我所没有的理解，听了他的话，我经常感到“原来如此啊”，从而受到一些有益的启发。

通过自己的感觉来进行插花

插花的场所是在和式空间，与之融合的东西想来当然也是要表达日本文化中“和”的理念，但我并没有系统地学习过插花，但很多人都对我说，期待我这样的人的插花作品，所以我凭借自己的感觉进行插花。能够完成这项工作，并且是在这样美妙的空间内完成，我觉得是一件很棒的事。除了通常的花朵之外，我还尝试使用了一般不太常用的物件来

使用通常不会采用的假花和空气植物创作的作品，令人大吃一惊（左页图）。另外，有柔和的光照进来的窗前静谧的空间，采用银色叶子和多肉植物来装饰。从室内向外望去时，看到院子里的展示作品也会令人赏心悦目（上）。在八云茶寮这一特别的场所，对着精选出来的器皿，选择与之相配的植物，再按照自己的心意加以组合，对我来说是非常宝贵的工作体验。

《拈花》
绪方慎一郎、川本谕 著
展示“拈花”的并不只有图鉴，绪方氏和川本谕共同创作了一本记录的图书，摄影师是池田裕一，以及参加本书系列制作的小松原英介。

插花，比如蔬菜类、多肉植物、空气植物等，通过它们表现自己的风格。这些都是有意思的地方。

在制作作品中学到的东西

在个展展出期间，随着天气变暖，白天气温逐渐升高，必须到展出举办之前才能进行作品创作。由于插花之类的作品，在有的季节会因为气候而失去生气，因此创作时需要讲求一定的速度。因此，在正式展出之前，还进行了预先演习，但仍然是一场跟时间的竞赛。另外，由于平时不太接触剪下来的植物，有些东西到真正做起来时才能意识到其中的困难。因此，能重新学到很多东西，对自己来说是个好机会。

两位摄影师的视点

展示会的拍摄，实际上由两个人来完成。对同一件作品，两个人分别以不同的背景色来拍摄，一个以空间为背景，另一个以黑色为背景，因此传递出的观念就有了两种，而且对于同一个作品，欣赏角度也完全不同了，非常有趣。另外，看到别人从不同于自己的视点所拍摄出的作品，会发现同样的风景在别人的眼中原来是这样啊，能够产生一种新鲜的感觉。插花的时候并没有想这些，而是把精神集中在眼前的植物上。收录了这些照片、介绍这个展览的书籍已经出版了，请一定要去书店看看。

新的个展

现在，我正在意大利的商铺开展工作，但我也正计划在海外再开一家店，地点想在意大利以外的欧洲国家，还想结合开店的计划举办一场个展。我曾在纽约举办过一场个展，接下来想在欧洲举办。虽然这个想法还只是在计划中，但当考虑开店而沿着街道四处漫步时，就会发现很多有历史感有个性的建筑，它们非常有趣。我想，如果能在那里做些什么就好了。另外，如果开业的话，想尝试一些不同寻常的事情，比如租一间小房子，里面全部种满植物，还想布置出荒芜的感觉。另外想创作一个令人打开门后产生不知身在何处的错觉的空间。在海外开店真的会遇到很多困难，但为了开店，享受这样的过程也是很不错的。

商业合作

走廊（CORRIDOR）

走廊是由设计师丹·斯奈德（Dan Snyder）创作的，仅限在纽约制作的、以衬衣为主的品牌。这次的合作，是在走廊主打的衬衫、夹克的基础上，加上川本谕的特色。在领子的里侧使用带白色花纹的织物，竖起领子的时候会有不一样的感觉。另外，把其中一颗扣子换成不同样子的，营造一种漫不经心的感觉。

胜利体育（VICTORY SPORSWEAR）

胜利体育是20世纪80年代初在马萨诸塞州创立的鞋子品牌，以为运动人士定制鞋子而驰名。川本谕平日就爱穿胜利体育的运动鞋，这次特别定制的鞋子颜色也是绿手指风格的墨绿色。鞋跟部使用的天然皮革非常合脚，也提升了鞋子的格调。

上流人士（QUALITY PEOPLES）

上流人士是一个把墨西哥的民俗街头文化和美国夏威夷的冲浪文化及现代艺术风格完美融合的品牌。它在 2016 年的时尚大片中，选择了川本谕作为模特。在绿手指集市（GREEN FINGERS MARKET）进行的拍摄中，不仅展现服装，而且涉及他的生活方式。这种具有恰到好处的放松感的穿着，很符合上流人士的品牌理念。

待缝补（QUALITY MENDING）

在绿手指集市正在展开与纽约商铺待缝补的合作。印有“GREEN FINGERS MARKET”字样的头巾，以及 20 世纪 50 年代生产于美国的 T 恤上，分别绣上“rivington”（利文顿）、“dude”（伙计）、“plant”（植物）和“grow damn it”（该死），在基础款上增加一点小设计，就会呈现新的魅力。

与服装品牌的合作以及为其出任模特等，川本谕在时尚界也拥有了令人瞩目的成绩。这次能够为自己原本就很心仪的集合的箭（United Arrows）原宿总店进行设计，他感慨万千。对于川本谕而言，时尚的魅力是什么？时尚又为他带来了什么呢？

一楼通风的空间，放置了 4 至 5 米高的大型树木，这一设计也预估出了树木生长的空间。二楼设置了一些不适用花盆而是直接裸露土质的仙人掌和多肉植物等。这种造型就像直接从墨西哥沙漠里挖过来的，非常有趣。三楼选择了一些笔直生长的植物。

集合的箭原宿总店的造型设计

原宿的集合的箭，我光顾了 20 多年，非常喜欢这间商铺。能够参与这家商铺的重新设计，我感到非常高兴，也很愉快地投入了工作。这次的项目中，对于哪些地方需要进行设计，我都提出了方案。特别用心的是，位于一楼的通风部分。这是一个通风良好的空间，看到随风摇曳的树叶，人们的心情也会变得很好，我想把这里做成一个人们可以聚集的场所。事实上，据工作人员说，来访者反应都很好，我听了也很高兴。在这次的重新设计中，本着把男士馆、女士馆和工作人员部分都集合成一个整体的理念，我提出了“UNITEDARROWSONE”的概念。于是本着这一理念，二楼的女士馆也把原本陈列在男士馆中庭的熔岩以及入口处的白蜡树等放入了设计中。另外，三楼露台是男士馆，对此进行了流行的直线型设计。参观不同楼层的人，都能够留下不同的印象，是一个很棒的空间。

在纽约生活中学习到的减法美学

从小学低年级开始，我就一个人乘坐电车到新宿的商场买衣服。我从小就很喜欢时尚。室内装饰、植物、时尚

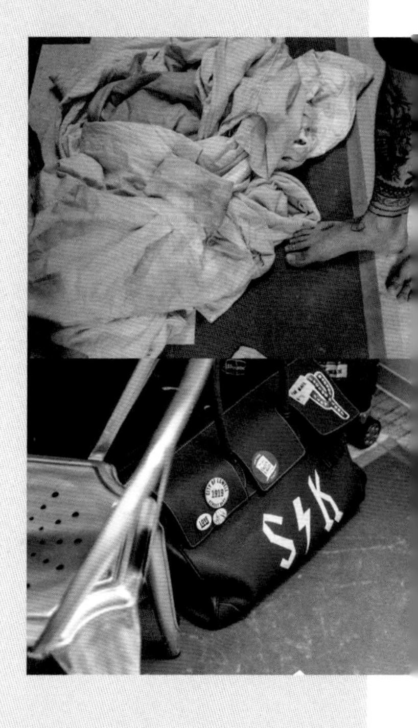

以前，川本谕喜欢把复古服饰、民族服饰的布料以及服饰上的一部分剪下来，缝在自己的衣服上。但比起这种装饰，现在他更喜欢美术字、剪裁以及染色等改制方法。右上是他用墨汁染的衣服，随意的染色留下的色斑独具风格，也很易于尝试。

等在让生活更愉悦这一点上，是紧密相通的。我不是从跟我从事相同工作的人身上，而是从时尚的平衡感、品位和风格中获得了灵感。除此之外，我观察建筑物，去美术馆，并受到跟自己相去甚远的领域的很多影响。自从开始在纽约生活，我深切体会了减法的美学。例如，在干净的衬衫和裤子下面，搭配旧旧的运动鞋，破洞的T恤和牛仔裤与磨旧的老牌的皮鞋搭配等。这些更适合自己的穿着方式都是在纽约学到的。而最近，因为工作关系而频频拜访的意大利，则跟纽约不同，在街上漫步的大叔们，大都穿着得体的套装。看到他们的身姿，我也想切身体验一下，去老牌的店铺定制一身那不勒斯风格的衬衫和裤子。即使同是在欧洲，巴黎人则多喜欢缠绕的饰品，因此到处都是卖披肩、围巾类的商店。每个国家都有不同的特色，具有其他地方没有的优点。去不同的国家，体会那个地方的时尚令人很愉快，而且也会激发灵感。

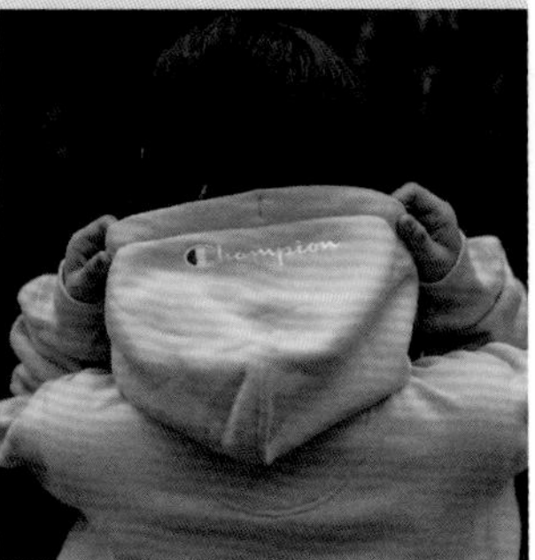

日版冠军品牌（Champion Japan）发在照片墙上的照片，有符合运动品牌的明艳的设计理念及都市感。品牌标志性的 logo，醒目地排列在衣服上。利用街上颜色鲜艳的墙壁，以及彩纸的颜色搭配，呈现出海外照片墙的氛围。

照片墙所带给我的

最近，深切感受到了照片墙所带来的影响。例如，走在澳大利亚墨尔本的街头，突然就会有人搭讪说："你是川本吧？"我还以为是熟人，结果对方说："我经常看照片墙啊！"在纽约偶然走进一家商店或咖啡店时，也会有人说："你是绿手指的川本吧？"有这么多国家的人们在关注着我的照片墙，令我感到很开心。现在能跟海外的高端品牌进行合作，也是通过照片墙取得联系。就这样通过照片墙成为朋友，并建立工作关系，现在已经是常有的事情了，也令人感到这个世界变得越来越有趣了。另外，作为跟照片墙相关的工作，我从今年 9 月开始，接手日版冠军品牌的官方照片墙的设计工作。海外方面，冠军品牌将与 VETEMENTS 品牌进行联名合作，也会推出城市户外（URBAN OUTFITTERS）限定颜色的服装。我想，日本是不是也可以创造这样高规格的品牌形象？如果能通过照片墙，对创造这样的品牌形象有所帮助就好了。另外，好不容易有这样的机会，我也想跟冠军品牌合作一些照片墙以外的工作。

MIRROR
27
Green
Fingers

LEA'S
DRESS
SHOP
AN7

第五章

GLOBAL PRESENCE & FUTURE PROSPECTS

海外工作的展开以及未来计划

川本谕以旺盛的好奇心向着未知领域不断挑战，开拓新的道路。纽约的商店已经迎来了第五个年头，作为下一个舞台，他将在欧洲开始新的工作。在审美水平极高的人群聚集的街头——意大利米兰，他又将推出怎样的设计提案呢？现在的川本在想些什么？他的眼前又有些什么呢？

令我下决心在米兰开店的
从没见过的全玻璃空间

米兰的店，采取在沃尔里奇（WOOLRICH）中开店中店的形式。之前，一直为沃尔里奇在纽约开业的店和假日展出进行设计工作，经常一起合作。这次的项目，也是沃尔里奇的社长对我说："这里简直就是绿手指应该开店的地方！"当时只是觉得很有趣，还没有具体的形象，但是，当我实际到意大利看到这个空间时，身上的汗毛都竖起来了。这是一个在纽约都没见过的全玻璃的空间，这种得天独厚的场所真的并不多见。给了我这么好的机会，我也树立起不做不行的使命感。这里时尚品牌林立，客流量较大，是宣传绿手指和川本谕的存在的最佳场所。

该店2017年11月上旬开业，前期我也进行了许多准备。店内的器具以年代物为主，稍微加一些时髦的东西，打算做成与以前的店截然不同的风格。关于商品阵容，当然有在当地购入的部分，也有随时从日本寄过来的部分，我想在店里摆上我认为合适的物品。另外，对于开店的感觉也会不断更新，在《与植物一起生活》的书中能读出的东西，也想在实体店中加以延续。

能够回归初心的海外挑战

在新的国家购入植物是很辛苦的事情。当然事先也会做一些研究，但有些植物只能在一定的季节才能看到，因此，如果不在开业的时机实际去看看的话，是无法知道的。但是，这种充满未知的感觉也是不错的。在日本，有工作人员帮忙打理，但在海外只有从一到

十都亲力亲为。这也是一种很好的体验。

正如这本书的题目——“起点”，有种回归初心的感觉。在纽约开店时的不安和激动，这次也感觉到了。以前的经验也给了我一些自信，但仍然无法完全消除不安。但是，我相信自己做出的东西，想要打造一个令人感兴趣、令人惊讶的空间。

以前没有接触过的欧洲式的生活方式

欧洲城市有着与东京和纽约都不同的文化，街道的样子、人们的生活方式以及服装的穿着都有所不同。例如，在纽约，早上会有很多人边走边拿着咖啡，但米兰人都是在店里喝完浓缩咖啡再外出工作。纽约的公寓外都有避难梯，无法放置植物，而漫步米兰的街头，即使是小小的露台，也经常能看到种满了大量几乎要越过栏杆的植物，给人以米兰人非常喜爱植物的印象。而另一方面，像绿手指这样的出售观赏植物和花的店在街上却几乎没有。因此，我觉得如果在这样的地方开店，一定会很有意思，很期待自己在欧洲会获得怎样的评价。另外，在米兰的短暂滞留，也结识了新的朋友，包括各种卖家、老牌商铺、艺术杂志等，现在也在商谈合作的事情。很期待以后的进展，希望有能公布消息的那一天。

为了能更舒适地生活，

下图摄影：Eisuke Komatsubara (Moana co., ltd.)

身体锻炼是不可或缺的

我在纽约、东京、米兰都拥有“据点”，在各个国家穿行的生活中，我体会到工作之外锻炼身体的重要性。原本也有在健身俱乐部担任健身教练以及私人教练的经历，从十多岁开始，健身对我就是不可或缺的了。就像忘记刷牙就睡觉的话心情会不好一样，对我来说健身也是一样的。因此，即使是在海外，我也会寻找带健身场地的酒店，或者在公园里活动身体。特别是现在在米兰的紧张生活，户外锻炼正是切换状态的宝贵机会。例如，工作卡壳的时候，如果进行一个小时或30分钟的身体锻炼，就一定会有新的思路。另外，通过锻炼保持理想的体型，这对于工作也好，私人生活也好，都是令人心情愉快的。平时的饮食和着装都会讲究一些。把自己居住的空间布置得轻松惬意，并招待朋友，会令自己产生积极向上的心态。

每周6天中，我每天都会拿出1~1.5个小时锻炼身体。也有人不喜欢在场地里锻炼，但很喜欢跑步，另外，对于游泳、瑜伽等，也有各种锻炼方法。请一定找到适合自己的方式，以自己的节奏进行锻炼吧。

无穷的探求心
和看准的未来

关于个展，在专栏里也有所涉及。在意大利以外的欧洲国家开店的事情，也提上了日程。在那家店将不使用绿手指的名称，想放置一些与以前不同风格的、近似于作品的东西。我并不想把店面数量增加太多，只是想利用得来的机会，

打造出有特点的空间。对于其他项目以及个展，我也是这么想的。

回首 2016 年，我差不多六成的时间在纽约，三成在日本，剩下的一成待在马来西亚等亚洲国家。今年待在日本的时间增多了，创作了这本书，也为一些大型的商业设施进行设计等。从某种积极的意义上说，我并不知道自己一年后会做什么，比如现在是这样，可能以后也会是这样，但会经常想也许会发生一些自己也无法想象的事情，并为此激动不已。想要继续接受新的挑战，不断进步下去。

想打造一个把来访者结合在一起、发生化学反应的场所

在欧洲开店以及在海外的工作非常忙碌，等稍微告一段落，我想把日本的绿手指进行搬迁并扩大一些。正如自己已经成长了一样，也想令绿手指也长大，变得更棒。新店铺会做一些类似样板间的布置，不仅是植物，也考虑能展现室内装饰和时尚的方面。如果到店里去的话，能看到类似于展览一样的展示。同时，也想兼设美术展览室，不问有名无名，只把符合自己审美的东西展示出来，想要做成一种装置艺术。

另外，最近从海外前来的访者也多了起来。现在的店没有休息场所，无法长时间停留，因此，这次也想增加一个可以喝咖啡、吃简餐的空间。想要好好招待特意来访的客人，为他们留下美好的回忆，以后能再次来访。人与人的邂逅，是有趣的开始，想要以此为契机来提供空间。敬请期待今后的绿手指！

About GREEN FINGERS

关于绿手指

绿手指不仅在日本，还在美国甚至意大利开设商店，令全世界都为之侧目。每天有些柔软的变化，并创造和呈现出新的感觉。志趣各异的 8 家商铺，可以说正是体现川本“当下”的场所。不仅可以邂逅精心挑选的植物和杂货商品，而且是激发灵感的创意宝库。

绿手指旗舰店 (GREEN FINGERS)

绿手指旗舰店作为日本国内主店铺，店面位于远离三轩茶室车站的幽静的住宅街上。只要踏入店内，就会看到不太常见的植物、艺术家佳作、首饰、古董家具等。这个不分门类只是按照川本谕喜好塞满这些东西的空间，应该会勾起人的好奇心。这是一个任何时候光顾都能发现新鲜的东西并体会购物快乐的商店。

东京世田谷三轩茶室 1-13-5 一层
营业时间：12:00-20:00（周三休息）
电话：03-6450-9541

绿手指集市纽约店 (GREEN FINGERS MARKET NEW YORK)

该店作为首家海外店在纽约开设。2014 年作为融合了各种品牌的市场型店铺，重装开业，提出通过包括室内装饰和时尚在内的各种手段来打造品位家居的设计方案。由老牌古董店铺 FOREMOST 的老板根本洋二、古董专卖店的约翰格洛克（John Gluckow）挑选的衣服也很有人气。可以带着到市场淘宝的心情来光顾此店。

纽约利文顿大街 5 号，邮编 10002
（5 Rivington Street New YORK，NY 10002 USA）
营业时间：周一至周六 12:00-20:00；周日 11:00-19:00
电话：+1（646）964 4420

绿手指米兰店 (GREEN FINGERS MILANO)

在意大利米兰繁华的街道威尼斯大街上，坐落着绿手指在欧洲的第一家店铺。该店作为沃尔里奇的店中店而设立，不仅陈列着植物，还包括以川本谕的审美而精选出来的各种杂货商品。

米兰威尼斯大街 3 号，沃尔里奇，邮编 20121

（WOOLRICH – Croso Venezia, 3 20121 Milan, Italy）

营业时间等详情，请关注网站 www.greenfingers.jp

建设中

绿手指诺可 (KNOCK by GREEN FINGERS MARKET)

作为装饰店铺 ACTUS 的店中店，该店以充满男性气质的室内植物，以及个性洋溢的各种植物的强大阵容，打造出适合不同植物陈列的空间。可以结合 ACTUS 的室内装饰一起考虑。

东京都港区北青山 2–12–28 一层 ACTUS Aoyama

营业时间：11:00~20:00

电话：03–5771–3591

绿手指诺可港未来店 (KNOCK by GREEN FINGERS MINATOMIRAI)

位于与港未来车站直接相连的大型商场 ACTUS 内，该店内多彩的植物以及可以结合装饰风格进行选择的各色容器和杂货，琳琅满目。

神奈川县横滨市西区港未来 3–5–1 MARK IS 港未来 一层

营业时间：10:00~20:00

电话：045–650–8781

绿手指诺可天王洲店
(KNOCK by GREEN FINGERS TENNOZU)

该店是由 ACTUS 设计方案的装饰商店，在 SLOW HOUSE 商场开业。除了在玄关处摆满的各种各样的植物，还有由装在玻璃容器里的仙人掌、多肉植物等空气植物组合而成的内置型盆栽，独具风格。

东京都品川区东品川 2-1-3 SLOW HOUSE
营业时间：11:00~20:00
电话：03-5495-9471

绿手指·植物补给店
(PLANT&SUPPLY by GREEN FINGERS)

该店位于个性商店林立的神南商业区的 URBAN RESEARCH 的三楼。在此可以轻松惬意地选择衣服、鞋子。店内摆满了即使是初次接触者也能轻松种植的各种植物。一楼的入口处以及店内的川本谕绘制的简笔画，也值得一看。

东京都涩谷区神南 1-14-5 URBAN RESEARCH 三层
营业时间：11:00~20:30
电话：03-6455-1971

绿手指集市二子玉川店
(GREEN FINGERS MARKET FUTAKOTAMAGAWA)

该店是与体现纽约绅士的老派优雅的弗里曼斯运动俱乐部的二子玉店合作设立的商铺。这一市场性的店内，融合了弗里曼斯运动俱乐部品牌风格的绿植密集摆放着。另外，这家店独家出售的限定商品也很吸引人。

东京世田谷区玉川高岛屋 S-C 南馆别馆三层
营业时间：10:00~21:00(以玉川高岛屋 S-C 的营业时间为准)
电话：03-6805-7965

作者简介

川本谕
绿手指创始人 / 品牌艺术师

为绿色植物所拥有的经年变化而产生的魅力所倾倒，提倡独特的装饰方案，作为品牌艺术师而活跃。在东京、纽约等地开设了以自己设计的植物为中心的 7 家装饰店铺。经营范围不仅限于植物，还包括空间艺术展示、空间装饰、商品设计等领域。2015 年在森林美术馆举行了以植物为主题的最大规模的个展“所及之处”（HERE AND THERE）。近年来，为集合的箭、盖璞（GAP）、沃尔里奇、NEWoMan 等品牌进行了空间设计，开拓了让人能够更丰富、更身临其境地感受人与自然的关系的新领域。

花园
不是一天
建成的
THE GARDEN
WAS NOT BUILT IN A DAY

图书在版编目（CIP）数据

美感的起点 /（日）川本谕著；曹永洁译 . -- 北京：中信出版社，2019.7

书名原文：Deco Room with Plants the basics

ISBN 978-7-5217-0425-9

Ⅰ . ①美… Ⅱ . ①川… ②曹… Ⅲ . ①园林植物-室内装饰设计-室内布置 Ⅳ . ① TU238.25

中国版本图书馆 CIP 数据核字 (2019) 第 073256 号

美感的起点

著　　者：[日]川本谕
译　　者：曹永洁
出版发行：中信出版集团股份有限公司
（北京市朝阳区惠新东街甲4号富盛大厦2座　邮编　100029）
承 印 者：北京雅昌艺术印刷有限公司

开　　本：787mm × 1092mm　1/16　　印　　张：7　　字　　数：110千字
版　　次：2019年7月第1版　　印　　次：2019年7月第1次印刷
京权图字：01-2018-6816　　广告经营许可证：京朝工商广字第8087号
书　　号：ISBN 978-7-5217-0425-9
定　　价：58.00元